目 录

我是乔治，我出现在书中的各处，准备和你一起阅读。

长故事

云

著者：伊思诺黑 乔治

但是，我更偏爱的是……
下雨！
我可以
在雨中
翩翩起舞！

所以，我要做一朵
云
大炮！
开炮！
?

摇摆跳跃。
向前滑步。

我会凭心情做
不同的云：
层云
积云
雨层云

高积云
高层云
卷云

很快，
你们就会看到：
我将制造出
最漂亮的、最大型的、
最不可思议的云炮！

这台云炮可以造出
我梦想中的云。
那是饱含无数雨滴的云。

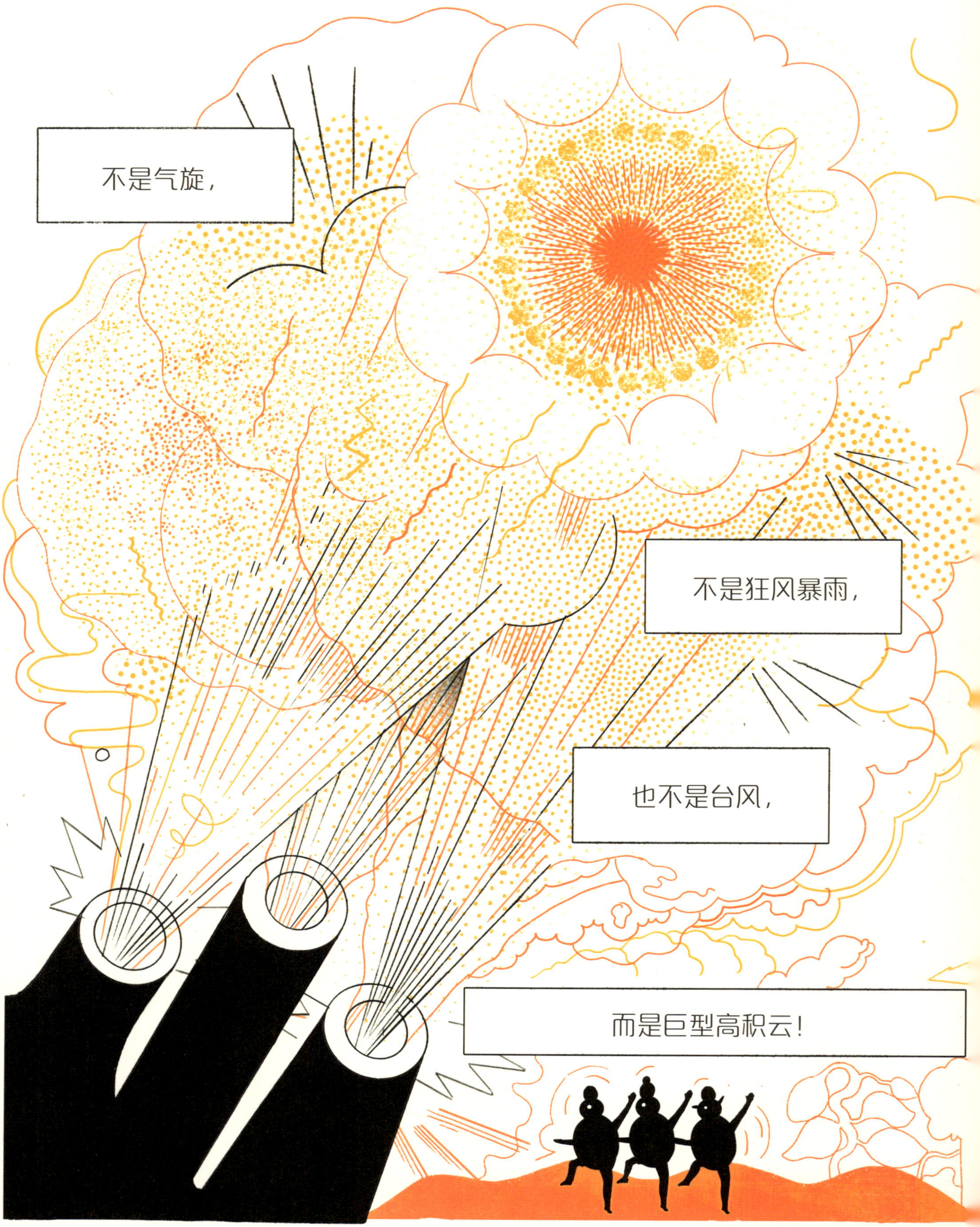
不是气旋，
不是狂风暴雨，
也不是台风，
而是巨型高积云！

那场面将会令人难以置信。
有最美丽的云朵、
最美丽的雨，
还有我最优美的舞姿！

“当暴风雨来临，雨开始落下时，每个人都冲到窗前吧。”

诺黑受访记

文：伊思诺黑

乔治遇到了故事《云》的主人公诺黑，就是那个在雨中跳舞的小男孩。让我们通过下面的访谈来继续了解他的故事吧。

就像在故事中扮演的那个人物，你会觉得自己有点荒唐吗？

诺黑 我所有的朋友都这么对我说！在这个故事中，我扮演的那个人物为什么要花费如此多的时间去制造那些有趣的机器，以及为什么他对在雨中跳舞充满激情，这些确实让人费解。应该承认这是有点荒唐！不过，我觉得很多人会花精力去做一些不可理喻的事情：有的人整天看电视；有的人迷恋逛超市。而我，在这个童话故事中扮演一个制造云朵机器的小男孩。

你好像很喜欢有关雨的故事，我说得没错吧？

诺黑 是的。当风卷云动、电闪雷鸣，有谁不曾仰起头看着天空，惊叹大自然的威力？当雷声轰鸣、大雨滂沱，你们是不是也都曾站在窗前欣赏大自然的魅力呢？

为了演好这个角色，你学习过舞蹈课程吗？

诺黑 没有。但是我得学会聆听。雨滴的声音特殊，雨的形态也会随着云的类型而有所差别。有的是雨滴如珠，有的是毛毛细雨，有的是雨雾如烟；有的哗哗而下，有的淅淅沥沥，有的还伴随着雷鸣般的巨响。每一朵云都在酝酿它自己的雨、它自己的伴奏。它们都是独一无二、不可比拟的。你要竖起耳朵去倾听雨的诉说。你会不由自主地跟随它的节奏翩翩起舞。不要管自己跳的是华尔兹还是探戈，只要忘我地去跳就对了。随着雨的节奏，去放松自我，回归自我。说实话，直到现在，我还喜欢在雨中徜徉起舞呢！我的一些朋友也这么做了！有了在雨中跳舞的经历，我甚至想建立一门有关“雨中舞蹈”的学说呢！这种想法可能还不太成熟，但是……我就是爱这样胡思乱想！

那么，你在写新的剧本故事吗？

诺黑 目前，我正在编写一个芭蕾舞剧，是《云》的续集，希望能受到孩子们的欢迎。故事讲述了主人公制造出一朵能膨胀的云。雨不停地下，主人公继续在雨中跳舞，地上的积水涨啊，涨啊，直到淹没了整个山谷！这个故事改编自《巫师学徒》，情节很夸张。我们已经找了四十几名舞蹈演员进行排练。对大家而言，这场表演是一次技术性挑战，可不止读读剧本那么简单！

当大人们再一次返回学校，
而孩子们当上了老师。

寄宿生
让·奈马赫

猜猜我是什么?
挂在衣架上晾干的脏抹布!
天啊，不是的!我是幽灵!
好吧，这次看我是什么?
嗯……某个需要去看牙医的人?
没有人能回答得靠谱一点吗?为了不让你们错过精彩，我还是最后再变身一次吧!
那么，这次我又是什么呢?
葫芦科的!你是葫芦吧!
做汤喝味道好极了!
哦，不是!我试着让课堂有趣一点，可是，竟然有学生这样取笑我!开门走人!
作为一个教育行家，我还从来没有受到过这样的侮辱!
这是大人们的粗鲁行为!
所以……我没有勇气上完那堂课……
但是，动物解剖学可是你比较喜欢的课程哟。
同时……
苏塞特老师在快下课的时候很生气!
可我不理解她为什么那么生气。
我……我并没有对她无礼!
我只是简单评论了一下……
不过，评论得还挺有意思的。
她还有一个南瓜头呢!
fin

奇异的雨

文本：樊尚·雅多 绘图：塞维里·米耶

一些粗俗的法国人在形容雨下得大时会说：像奶牛在撒尿。不过，不要惊慌，不会真的有奶牛出现在云里。在英国，形容暴风雨时，人们会说：It's raining cats and dogs。不过不用担心，这些雨里既不会有小猫咪也不会有小狗，这只是形容雨下得非常大。

不过，当人们唱起“下雨了，地湿了，青蛙开起了派对”时，就有可能真的遭遇到青蛙雨，对此，你会感到惊讶吗？研究古埃及的考古学家发现，在法老时代确实存在下青蛙雨的记载。至今，还有随雨下青蛙、小鱼，甚至其他小家伙的情况……

为什么会从云中倾泻出如此奇异的雨呢？这是中邪了吗？几个世纪以来，许多巫师、祭师声称这是众神愤怒的结果。气象学家解释说原理非常简单，跟巫术无关：直径2公里的小风暴（对于风暴而言这很小）释放的能量相当于大约十颗原子弹同时爆炸的能量。龙卷风将沙漠里的沙、池塘的水，甚至小动物，统统卷入旋风中心，带到数公里之外的天空，碰到积雨云，雨水夹杂着风沙和小动物纷纷落下。

这些奇异的场景并不罕见。在澳大利亚，曾经下过一次活蜘蛛大雨。结果，蜘蛛网延绵好几公里，非常壮观，可惜不是在万圣节期间，要不人们可以省了装扮。1989年，一对来自澳大利亚昆士兰州的夫妇声称在一次水灾之后，从花园里捡到了600条小沙丁鱼。1861年2月18日，新加坡发生地震后，当地人报告说，整整下了三天鲇鱼。1867年，都柏林下了一阵榛子雨，对于美食家来说，这是一种享受，只要你戴好头盔，保护自己免受伤害。

还有一个未解之谜：为什么这种奇特的雨每次就单单只裹挟某一类动物、植物或果实呢？

■ **游戏1** ■

她不会忘记空气

绘图：安娜·塞克萨

爱克拉教授是位气象专家，专门研究天气的状况。

A. 据说上面四幅图表示的是同一天，然而情况并非如此。幸亏教授有记录，请你找出每个日期相对应的是哪幅图。

2月8日　星期三　第___幅图
气温：5摄氏度
降水：大雨，大雾
风力：微风

4月11日　星期二　第___幅图
气温：比2月8日高5摄氏度
降水：多云，无雨
风力：无风

5月15日　星期一　第___幅图
气温：15摄氏度
降水：冰雹
风力：微风

12月21日　星期四　第___幅图
气温：5摄氏度
降水：无雪
风力：大风

B. 下面是乔治根据教授的笔记做的总结，请连接左右两部分内容。

1 - 为了形容天气，我们可以观察 ● ● 组成了降水。 - a

2 - 云、雨、雾、冰雹和雪 ● ● 让气温发生变化。 - b

3 - 日照情况、四季的变换 ● ● 气压、风力和气温。 - c

C. 从上面这四幅相似的图中，任选一幅，圈出下面这些仪器：

1. **显示气温**的温度计
2. **显示气压**的气压计（它是圆形的）
3. **记录降水量**的雨量器（是一个容器）
4. **记录风速**的风速仪（含3个天线）

■ 游戏2 ■

不一样的气候

绘图：奥赫利亚 · 让内

乔治有很多生活在国外的朋友。不同的国家，气候可能不同；同一个国家，一年四季的气候可能也不同。

A. 下页列举了乔治的朋友所在的不同地区的气候，用下列颜色所代表的元音字母补全与气候相关的英文词语，拼出这个朋友所在地区的气候。

● = A　● = E　● = I　● = O　● = U

B. 根据右图的气候信息，完成下面的题目。

1. 乔治喜欢过暖冬，他最好前往： 或者 

2.如果不惧怕严寒，但是厌恶雨天，他最好与她共度一年： 或者 

3.哪里常年炎热？ 或者 

4.法国气候多样，西部属温带海洋性气候，南部属地中海气候，东北部属温带大陆性气候。请问和法国南部城市马赛气候相同的是： 或者 

5.和法国西北部布列塔尼的气候类似的是： 或者 

6.你最喜欢在乔治的哪位朋友家过冬？

C. 把这些国家和它的首都连起来。

提示：

-印度的首都名称是三个字

印度	基辅
突尼斯	新德里
巴西	突尼斯
乌克兰	巴西利亚

赛利亚生活在印度。

这里全年高温，降水分两季：

旱季和雨季。

受季风影响，雨季雨量很大。

TR●P●C●L
(CLIMATE)
热带气候

卡伊斯生活在突尼斯。

这里一年分四季。

冬季温暖，夏季酷热。

M●D●T●RR●N●●N
(CLIMATE)
地中海气候

伊娃娜生活在格陵兰。

这里四季不分，

终年寒冷干燥。

P●L●R
(CLIMATE)
极地气候

阿拉米尔生活在巴西的
亚马孙雨林。

这里四季不分，常年炎热潮湿。

●Q●●T●R●●L
(CLIMATE)
赤道气候

黎扎生活在乌克兰。

这里四季分明，

冬季寒冷，夏季炎热。

C●NT●N●NT●L
(CLIMATE)
大陆性气候

斯科特生活在苏格兰。

这里一年分四季，但是常年气候温润，雨量丰沛。

●C●●N●Q●●●
(CLIMATE)
海洋性气候

■ 游戏3 ■

现在是天气预报时间

乔治梦想有朝一日能播报天气预报！

A. 下面我们为乔治提供了一张模拟地图，你也可以发挥创意，添加其他城市名，然后假想一下明天各地的天气情况，并用不同的符号来标注。不要忘记添加温度哟！

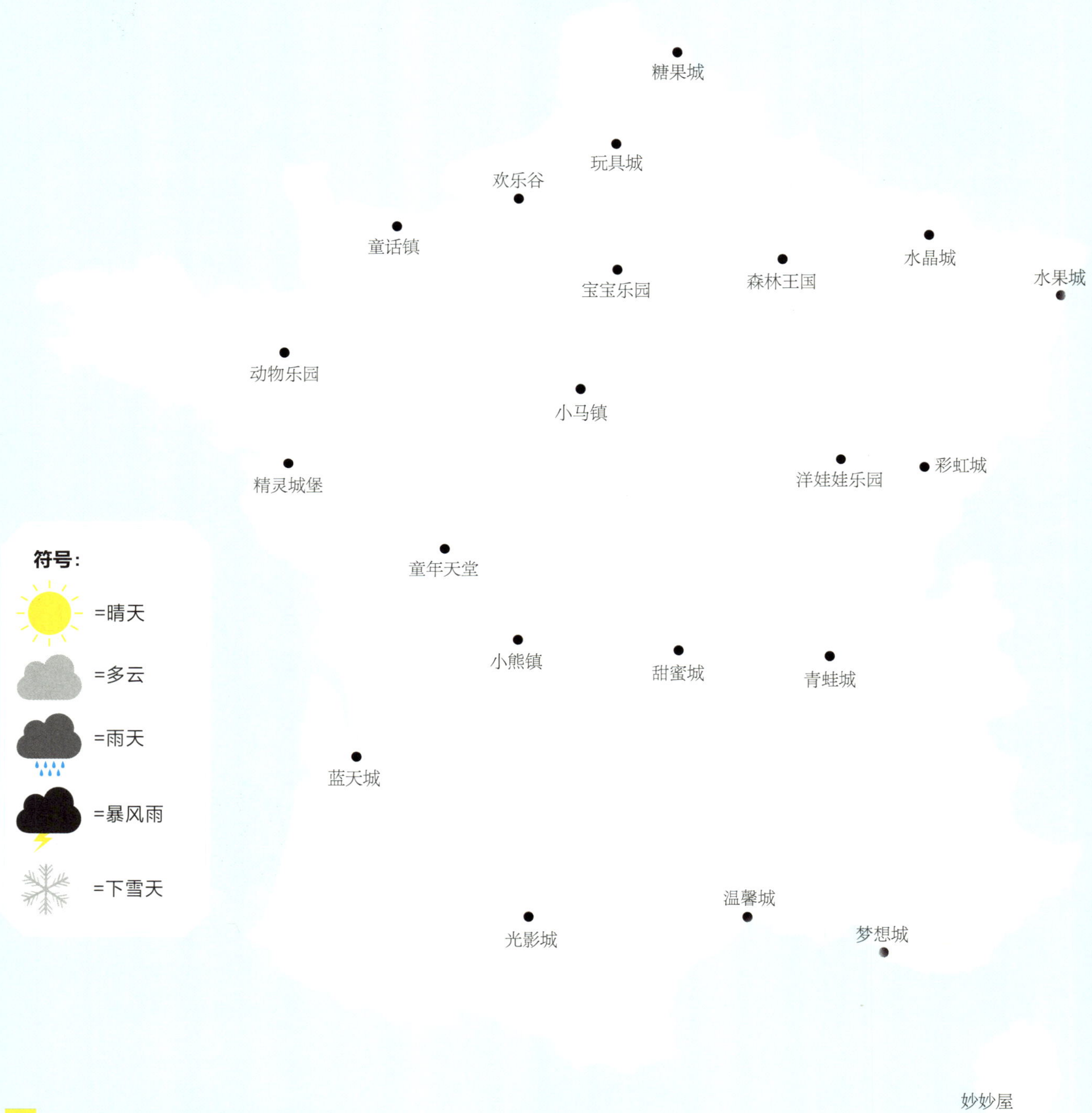

B. 现在，由你来播报天气预报！

■ 游戏4 ■

叮！手工时间到了！

设计者：让-大卫·曼斯鲁

小朋友们，
一起来动手玩一玩吧！

青蛙折纸，动手做一做吧！

你知道吗？

在那个温度计还比较昂贵的年代，有些人利用青蛙来预知天气。具体的做法是，把青蛙放在短颈的广口瓶中，将瓶装上一半的水，再在瓶中放入一个小梯子。在晴天的时候，青蛙会在水中；而在雨天，青蛙则会爬上小梯子呱呱叫。

所需材料：

剪刀、胶水。

制作步骤：

A. 剪下下一页的青蛙。

B. 沿着3和4两个灰色部分旁边的黄线剪开。

C. 向内折叠1到6的灰色部分，然后沿虚线向内折叠青蛙的各个部位，除了青蛙的4条腿。

D. 向上翻折青蛙的4条腿。（为了青蛙能站立）

E. 在3和4的灰色部分涂上胶水，然后把它们粘贴在内侧的A部分。同样，将2和5的灰色部分粘贴到B部分，将1和6的灰色部分粘贴到C部分。

F. 现在只剩下找到或者做一个小梯子了！

1
2
3
4
5
6

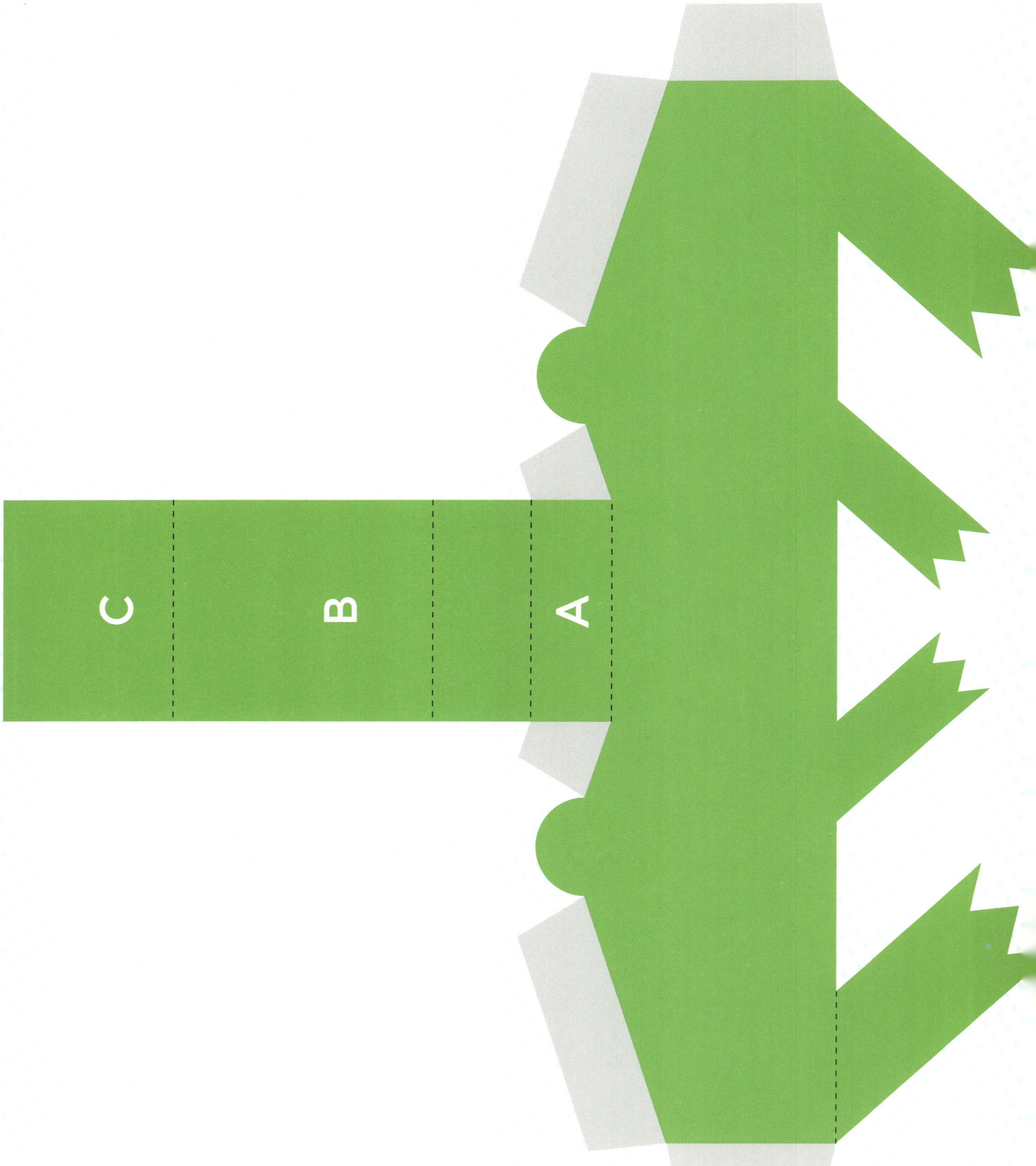
C
B
A

▪ **游戏5** ▪

谈谈雨天和晴天

绘图：斯特凡妮 · 拉纳

乔治发现很多表达都借用了与天气相关的词语。

A. 猜猜左边的话是谁说的？请把它们和右边说话的人物连接起来。

a – **3**　b – ____　c – ____　d – ____　e – ____　f – ____　g – ____　h – ____

a. 我内心白如雪！

b. 我行走快如风。

c. 您想要雪花蛋奶甜品吗？

d. 我又不是跟着上场雨才来到这世上的，啥没见过！

e. 阳光狠狠抓住了我，我被晒伤了！

f. 什么风把你给吹来了？

g. 我的思绪跑到九霄云外了，到处神游。

h. 在好莱坞，我也是个能呼风唤雨的人物。

1. 历经风雨的奶奶。

2. 外出度假的人。

3. 纯洁的人。

4. 很高兴见到你的人。

5. 匆匆忙忙的人。

6. 明星。

7. 服务生。

8. 做白日梦的人。

B. 用动物的名称将这两个句子补充完整。

1. __________搬家，天要下雨。
2. __________枝头叫，出门晴天报。

■ 游戏6 ■

观察所有颜色

绘图：乔尼·吕奈

乔治注意到彩虹的颜色由外到内，总是遵循这样的顺序：

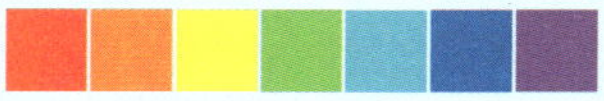

A. 在图中找出“假”彩虹并打上叉。

B. 你知道彩虹中的深蓝色叫什么吗？

乔治说精灵在彩虹的脚下藏了宝藏，但是西蒙觉得这只是一个传说……

C. 请观察图画，然后用数字2、4、6、7、14、19、39完成下面这篇小文。

图中共有________个精灵，其中________个精灵的眼睛是黑色的。数一数，共有________个蜂巢，蜂巢的数量等于动物的数量。图中共有________双眼睛。加上蛇的一只眼睛，就有________只眼睛。有彩色条纹的大树共有________棵。彩虹是由________种颜色组成的。

■ 游戏7 ■

小心，变热啦！

绘图：欧勒斯亚 · 絮科娜

乔治经常听别人谈论全球变暖，于是他想弄明白其中的缘由。

1. 在地球引力作用下，大量气体聚集在地球周围，形成大气层。大气层对太阳热辐射起到了盾牌作用。合适的温度为地球上的生命提供了保障。地球的平均地表温度为15℃。如果没有大气，地球上几乎所有地方都会达到冰点以下。

2. 从18世纪以来，人类的活动愈加频繁。其中很多活动采用了不环保的方式，产生了大量的温室气体。温室气体产生了温室效应，从而使热量不断在地气系统中积累，造成全球气候变暖。

3. 全球变暖影响了气温、风向、雨季和海洋……这会引发不利于人类和动物发展的严重的自然灾害。

4. 因为这一切都让人感到不安，所以，各个国家都应该行动起来，每个人都应该在自身层面上做出改变。我们应减少生活废气的排放，提高能源利用技术和能源利用效率，减少煤、石油、天然气等的使用量……

A. 乔治请教了几个朋友，可大家都是一知半解。请你判断一下他们说得对不对。

a. 地球越来越热，如此一来改变了天气的许多因素：气温、雨季、风向……

☐ 对　　☐ 错

b. 是恐龙制造了温室效应。

☐ 对　　☐ 错

c. 温室效应对我们没影响，只对怕热的动物来说是个问题。

☐ 对　　☐ 错

d. 人类需要检讨自己的活动（比如运输），以减少温室气体的排放。

☐ 对　　☐ 错

e. 温室气体就像种植植物的温室中的温暖空气一样，是有益无害的。

☐ 对　　☐ 错

B. 下面有三个对抗全球变暖的方案，是我们日常可以做到的。请在每个方案中做出选择，画掉不合适的部分。

1. 为了降低温室气体的排放量，尽可能**骑自行车、乘坐公共交通/乘私家车**出行。
2. 洗澡的时候，选择**浴缸/淋浴**，以节约水电。
3. 为了减少垃圾，我们可以使用那些**不带包装或包装很少/包装很多**的物品。当物品损坏的时候，我们应该尝试**修理/扔掉**它们。

■ 职业万花筒 ■

修雨伞和卖雨伞的人

文本：樊尚·雅多　　绘图：斯特凡妮·拉纳

下雨了，可是乔治的雨伞坏了。于是，他立马赶去翻倒巷，那儿有一家雨伞精品店，店名叫克罗泽。店里有长长的木制柜台，数不清的雨伞一个接一个地从天花板一直垂挂到地板。店主名叫莱昂内尔，他会亲自出来迎接顾客。

您好！我有点儿事要麻烦您！

莱昂内尔：我猜是您的“鲸须”断了吧？

鲸须？！

莱昂内尔：是的。我的意思是说您雨伞的伞骨。因为以前的伞骨是用鲸须做的。鲸须就是鲸鱼上颌用来过滤食物的东西。

您从小就想修理雨伞、成为经营雨伞店的商人吗？

莱昂内尔：不是的。我小时候的梦想是成为一名建筑师。我很爱拼乐高积木，搭百乐宝的房子。

后来呢？

莱昂内尔：后来，我还对钟表、珠宝行业产生过浓厚的兴趣。我家是钟表世家，爷爷和爸爸都是钟表匠，还自营一家珠宝精品店。

能谈谈你的人生履历吗？

莱昂内尔：大三的时候，我做过珠宝镶嵌工，参加过专业的培训。19岁那年，我就开始在珠宝行上班了。到了2000年，我自己开了一家珠宝行。

珠宝镶嵌工的具体工作是什么？

莱昂内尔：就是把珍贵的珠宝固定到戒指、项链等首饰上。在整个镶嵌的过程中，镶嵌工对图案构建要胸有成竹。

手不能够抖动吧？

莱昂内尔：那是必须的，而且还要有好眼力！为了镶好这些精美细小的宝石，我会借助双筒显微镜。我必须小心翼翼。

那你现在怎么做起了雨伞生意？

莱昂内尔：这家雨伞精品店就开在我的珠宝行楼下。2009年，我和妻子接手了这家精品店。这样一来，楼上楼下，我俩就可以一起工作了。我们很喜欢这家店，它是一家百年老店。

那你又是如何学习修理雨伞的呢？

莱昂内尔：从扭小螺丝钉开始学……我有镶嵌珠宝的基本功，一切都比较顺利。

那你喜欢下雨天还是晴天呢？

莱昂内尔：我当然喜欢下雨天啦，因为会有很多顾客光临我的雨伞店。但是，如果是假期，那我还是更喜欢晴天。

对于顾客而言，你就像一个雨中的拯救者吧？

莱昂内尔：在阴冷的雨天，当他们拿着一把坏掉的雨伞，瑟瑟发抖地来到我店里的时候，我会尽最大的努力帮助他们解决麻烦！

波兰语

绘图：斯特凡妮 · 拉纳

波兰的气候形态较多变，因为这个国家处在两个不同的气候带：温带海洋性气候和大陆性气候。

知识点

- 在波兰语中，名词前面没有冠词。通过词尾来判断名词的阴阳性。
  - 以辅音结尾的名词为阳性。
  - 以字母a结尾的名词为阴性。
  - 以字母e或者o结尾的名词为中性。

- 在波兰语中，一些字母在单词中不发音。

Ą = [õ] 烘 h**ong**

C = [c] 嗤 ci

Ć = [ć] 七 qi

CH = [x] 喝 he

CZ = [č] 吃 chi

E = [e] 安 an

Ę = [ẽ] 亨 h**eng**

J = [i̯] 一 yi

Ł = [u̯] 乌 wu（不咬唇 辅音）

Ń = [ń] 妮 ni

Ó = [u] 乌 wu（元音）

RZ = [ž] 日 ri

Ś = [ś] 西 xi

SZ = [š] 狮 shi

U = [u] 乌 wu（元音）

W = [v] 夫 fu

Y = [y] 婀 e

Ź = [ź] 鸡 ji

Ż = [ž] 日 ri

注：波兰语音标还涉及到很多变化，根据字母在单词中所处位置的不同，音标实际呈现也不尽相同，以上给出的是常见读音规则。

波兰语中，“PARASOL”既表示太阳伞，也表示雨伞。

制造一道彩虹

绘图：斯特凡妮·拉纳

今天在实验室，乔治建议你制造一道彩虹。你没必要穿雨靴和雨衣，因为这个实验在室内进行。

所需材料：

一面镜子
一张白纸
一个比镜子大的长方形透明容器
一支强光线的手电筒

操作过程：

建议在暗室里进行实验，这样彩虹的效果会更好。

1

在这个长方形容器中装上差不多四分之三的水。

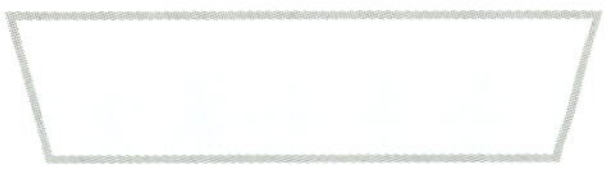

2

把镜子放到这个容器中，让它的一部分浸入水中。

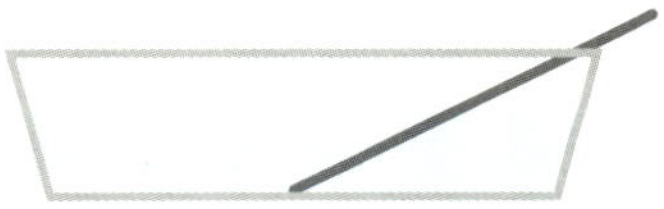

3

打开手电筒，让强光照射到水中的镜面上，慢慢移动手电筒，尝试从不同的角度，寻找呈现彩虹的最佳位置。

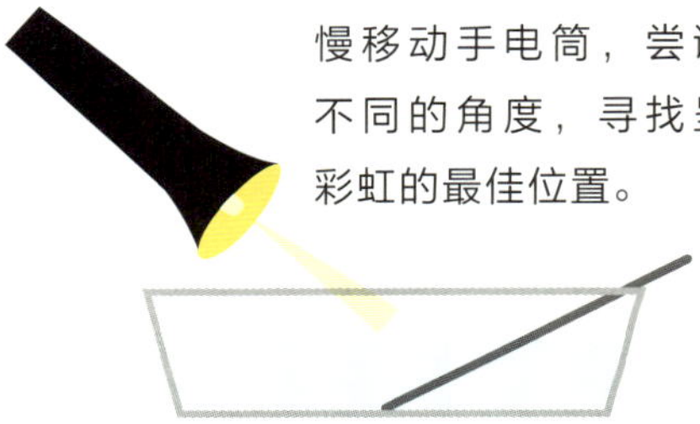

4

让镜子的反射光照到一张白纸上（也可以直接照到白色的墙壁或天花板上）。

如果你没看到彩虹，请尝试调整镜子的倾斜角度。

实验解析

> 大多数人会认为阳光或灯光都是白色的，其实它们是由7种颜色组成的：红、橙、黄、绿、蓝、靛、紫。

>光线以直线传播，但当它进入水中时会发生偏转，7 种不同颜色的光的折射角度略有不同（参考步骤 4 的配图）。然后，我们看到 7 种颜色的光，它们通过镜子反射到墙壁或纸张上。

>在自然界中，雨后的阳光照射水滴，光线被折射，天空中形成拱形的七彩光谱，这就是我们所见到的彩虹。

雪人美食

绘图：斯特凡妮 · 拉纳

在本书最后，乔治想教给你两个做雪人美食的配方。作为开胃菜，一个是咸的，一个是甜的，均不含鸡蛋白，也不用冷冻。

配料

> 制作四个咸味的雪人需要的原料：
4个鸡蛋、4个鹌鹑蛋、1根胡萝卜、胡椒粒、4根牙签
> 制作5个雪人甜点需要的原料：
250克椰丝、170克糖、2个鸡蛋、3块黑巧克力、5根牙签

制作咸味雪人

请大人帮忙煮熟鸡蛋，鸡蛋可以煮得时间久一点。（把鸡蛋浸没在开水中：鹌鹑蛋煮4分钟，鸡蛋煮10分钟。）

在冷水中冷却鸡蛋和鹌鹑蛋之后，将它们剥壳。切去鸡蛋的底部，以便它们能立起来。

在大人的帮助下，将胡萝卜清洗干净、削皮，然后切成圆形薄片。

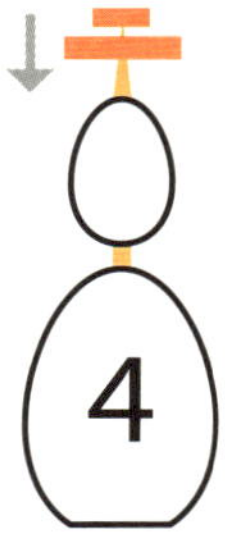

用一根牙签，一头插入一个大一点儿的鸡蛋，另一头插入一个小一点儿的鹌鹑蛋。然后在上面按顺序放上一大一小两个圆形胡萝卜片，当作帽子。

用胡椒粒做雪人的眼睛和纽扣，再找一小块胡萝卜做雪人的鼻子。

制作雪人甜点

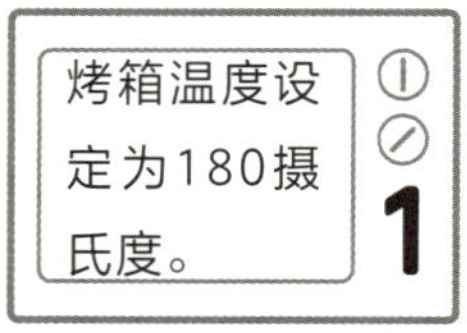

烤箱温度设定为180摄氏度。

将蛋液和糖混合、打散。

加入椰丝。揉成两种大小的球。

把大的球作为身体，小的球当作头。

烤箱的烤架上铺上锡纸，再放入这些球，烘烤20分钟，注意观察。

6

待烤好的圆团冷却，用温水融化一些黑巧克力，用牙签蘸着黑巧克力画雪人头部的眼睛和嘴巴，以及身体部分的纽扣。

7

用一根牙签，两头各插入一个球，连接一大一小两个球，雪人甜点就做好了。

漂亮的帽子!

游戏答案

这就是封面和封底的

7个不同之处：

游戏1 她不会忘记空气

A. 2月8日星期三对应第1幅图； 4月11日星期二对应第4幅图； 5月15日星期一对应第2幅图；
12月21日星期四对应第3幅图

B. 配对的句子：1-c；2-a；3-b

1.温度计

2.气压计

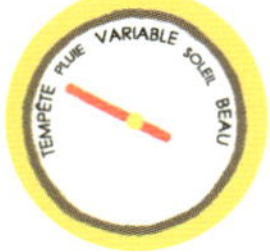

3. 雨量器

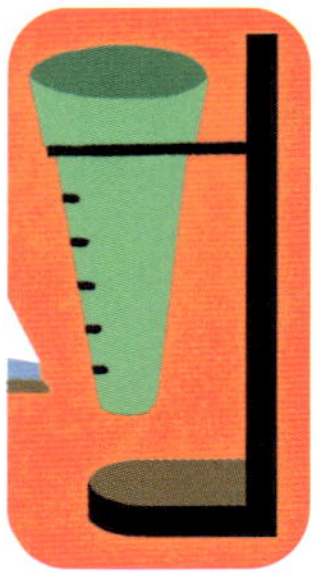

4. 风速仪

游戏2 不一样的气候

B. 1.  2.  3.  4.  5. 

C.

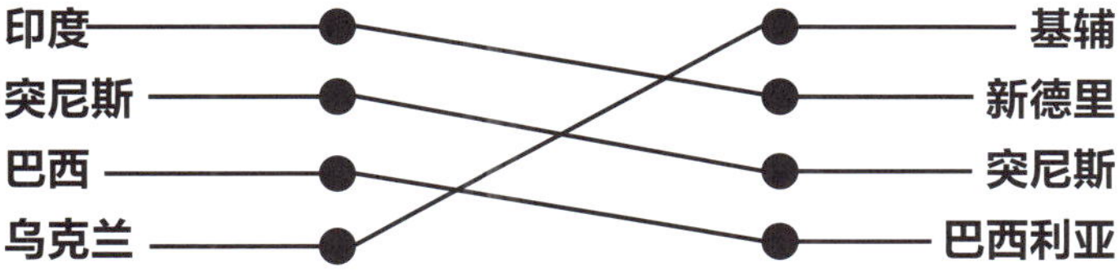

游戏5 谈谈雨天和晴天

A. a–3; b–5; c–7; d–1; e–2; f–4; g–8; h–6

B. 1. 蚂蚁 2. 喜鹊

游戏6 观察所有颜色

A. 见下图　　　　**B.** 靛

C. 有6个精灵，其中4个是黑眼睛。有一样多的蜂巢和动物，也就是说各有2个。图中总共有19双眼睛，如果加上蛇的一只眼睛，则共有39只眼睛。有14棵大树带有彩色条纹。最后，彩虹是由7种颜色组成的。

游戏7 小心，变热啦！

A. a. 对 b. 错 c. 错 d. 对 e. 错

B. 1. 为了降低温室气体的排放量，尽可能**骑自行车、乘坐公共交通/~~乘私家车~~**出行。

2. 洗澡的时候，选择**浴缸/~~淋浴~~**，以节约水电。

3.为了减少垃圾，我们可以使用那些**不带包装或包装很少/~~包装很多~~**的物品。当物品损坏的时候，我们应该尝试**修理/~~扔掉~~**它们。